神奇动物在哪里

蜜蜂

[法] 萨比娜·博卡多尔◎著

杨晓梅◎译

吉林科学技术出版社

蜜蜂

蜂是一类昆虫，其中蜜蜂是人类最熟悉的一种。人们通过养殖蜜蜂来获取蜂蜜。世界各地都有蜜蜂分布。它们过着群居生活。3000万年前的蜜蜂与现在的蜜蜂已经很相似了。

东方蜜蜂

切叶蜂

蜜蜂的种类很多，广泛分布于世界各地。

腹部

蜜蜂的腹部包含消化系统、生殖系统与一部分呼吸系统。它由7个活动部分组成。工蜂的腹部还有蜡腺，可以分泌出白色蜂蜡。腹部末端有一根蜂针，也叫“螫针”。它通常是被藏起来的，只有当蜜蜂感觉危险时才会将它伸出来。

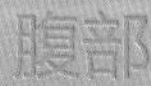

胸部

蜜蜂的胸部分为3节，长有3对足、2对膜质翅膀，各由发达的肌肉控制。前后翅通过翅钩相连，在飞行时同步活动。后翅较小，只有飞行时才能看清。

工蜂的身长约为1厘米。

蜜蜂没有传统意义上的耳朵，它通过足部与触角来感知声音。

蜜蜂的后足上各长有一个凹槽，也叫“花粉篮”。它们把收集来的花粉储存在那里。蜜蜂的足上还长着许多细小的硬毛，可以如梳子一般将花粉梳下，集中形成1颗小小的花粉球。

木蜂

大蜜蜂

角壁蜂

脑袋

蜜蜂的脑袋里有大脑。蜜蜂头上有两条弯曲的触角①，两侧好像有听音乐的耳麦一样的复眼②，前方有呈三角形排列的3只单眼③，有了它们，蜜蜂才能分析光的方向与亮度的改变。头部最下方是形似镊子的1对上颚④，舌头⑤就位于它们中间。

触觉

蜜蜂全身都覆盖着感知器官，捕捉外部世界的变化。它还会用触角探索，如同盲人手中的盲杖。

嗅觉

蜜蜂的触角起着鼻子的作用。有了它，蜜蜂才能将气味信息与此前的对比。蜜蜂在气味上的敏锐度比人类高出许多。

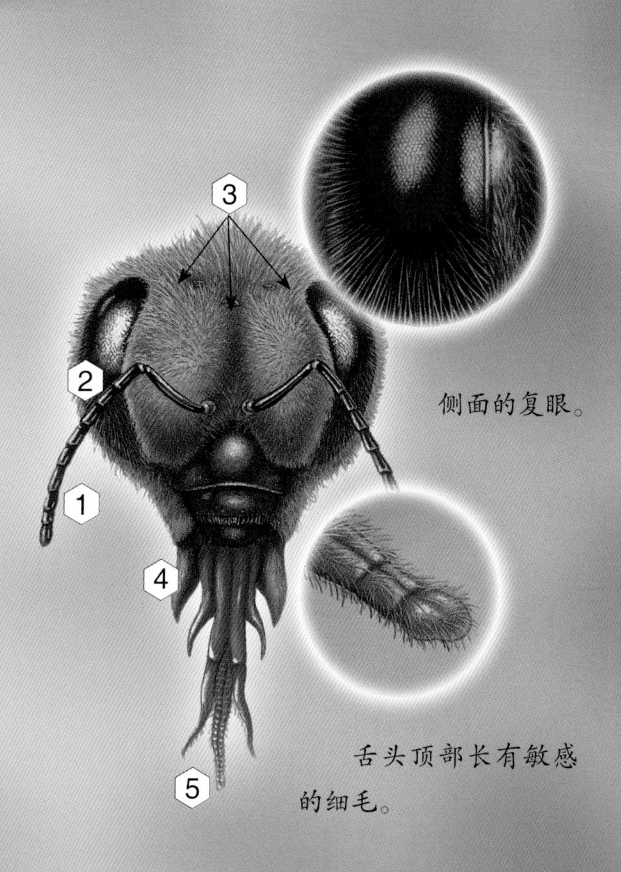

侧面的复眼。

舌头顶部长有敏感的细毛。

味觉

蜜蜂利用触角、足部下方与嘴来辨别不同花蜜的滋味。

视觉

头部两侧的复眼由成千上万个眼面组成。每个都像1只眼睛，捕捉视觉信息再组合成1个画面。蜜蜂的视野接近360°，它还能辨别3种颜色。

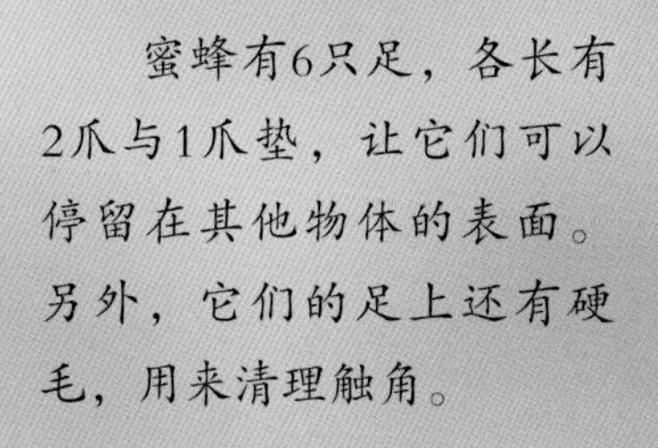

蜜蜂有6只足，各长有2爪与1爪垫，让它们可以停留在其他物体的表面。另外，它们的足上还有硬毛，用来清理触角。

等级分明的社会

蜜蜂如果不在集体中，就失去了生命的意义。孤独的蜜蜂会很快死去。1个蜜蜂群体由1个蜂巢与3类蜜蜂组成，即蜂后、工蜂与雄蜂。它们的外形及职责各不相同。每一类都有自己明确的任务，保证群体与种族的延续。蜜蜂非常团结，组织性极高。它们终其一生勤奋工作。在蜂巢内部，一切都井井有条。

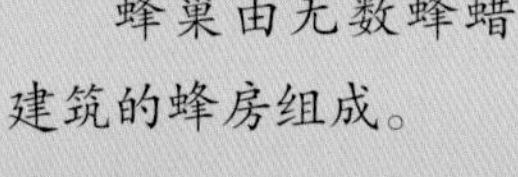
蜂巢由无数蜂蜡建筑的蜂房组成。

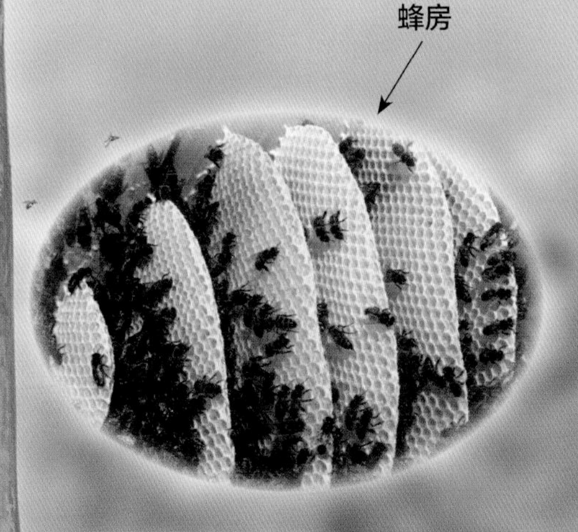

遮风避雨的蜂巢

蜜蜂会选择风雨无法触及的凹洞处来搭建蜂巢，例如树顶的凹陷处、岩石内部的空洞处或屋檐下方。

蜂巢的结构

当蜜蜂找到筑巢的地点后，工蜂中的筑巢蜂会建筑平行的蜂蜡巢室，即一个个六边形的小洞，供蜂后产卵与工蜂储存花粉、花蜜。蜂房的建筑过程从底部开始，再是极薄的内壁。顶部的边缘会厚实一些。

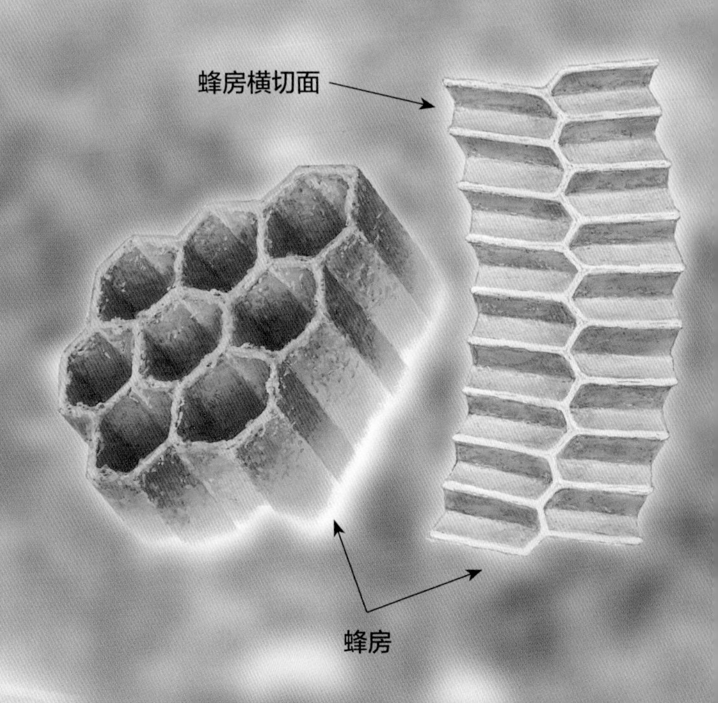

群体中的三类

春天时，一个蜜蜂群体中有1只蜂后，1000～4000只雄蜂，2万～8万只工蜂。

左图中，两只工蜂正在一个个蜂房间来回查看。这些蜂房里有处于不同阶段的卵与幼虫。幼虫性别不同，蜂房的大小也不一。有些蜂房被蜂蜡盖住，里面是正要破蛹而出的小蜜蜂。

蜂后

通常蜂后是一个群体里唯一产卵的雌性。它与工蜂的区别在于更发达的腹部与胸部。它的体重为0.25克。它的舌很小，因为它并不需要采蜜。它的足也与工蜂不同，没有用来收集花粉的硬毛，这也不是它的工作。在过去，人们误以为蜂后是雄性，所以也称它为“蜂王”。

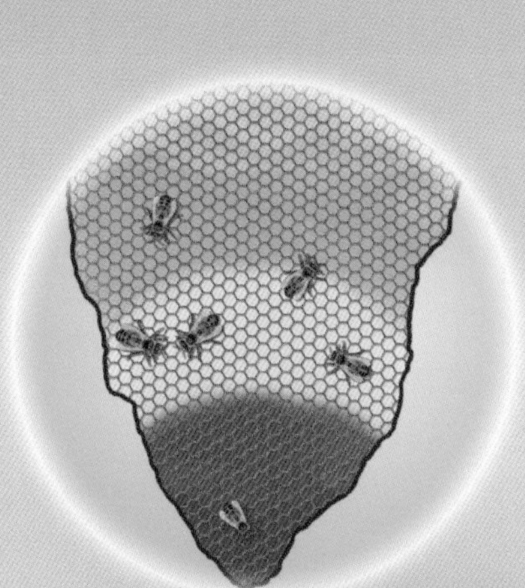

蜂巢的切面

- 保育蜂房
- 花粉蜂房
- 蜂蜜蜂房

工蜂

工蜂是承担群体发展所有日常工作的雌性蜜蜂，因此数量很大。它们的腺体和器官与所承担的工作匹配。它们的重量为0.1克。

雄蜂

雄蜂是群体中的雄性。身体比蜂后短，但比工蜂更大。体重为0.23克，没有毒针，所以完全没有攻击性。它们的舌很短，无法吸食花蜜。它们的首要职责是辅助蜂后产卵，其次是维持蜂巢里适宜的温度。

蜂巢里的组织

给蜂群后代（卵、幼虫与蛹）的蜂房在蜂巢的中心。春夏时，保育蜂房会被里面的幼虫与蛹撑成橄榄球形。保育蜂房之上是用来储存花粉的蜂房，再往上是存放蜂蜜的蜂房。

不间断的交流

蜜蜂的交流系统很发达。在同一群体中，包括幼虫在内的每个成员都会散发信息素，这种特殊的化学信息通过触角、舌头在蜜蜂之间传递。每个群体都有自己独一无二的“化学签名”。蜂巢的守卫者以此来检查每一个来客，如果“签名”不对，那么它便会遭到驱逐。群体成员分泌的信息素对其他蜜蜂或整个蜂群的行为都会产生影响。举个例了，蜂后的信息素会阻止工蜂卵巢的发育，工蜂也就无法繁殖；而幼虫的信息素可以让保育蜂知道幼虫的年龄与种类，从而给它提供相应的食物。

舞蹈

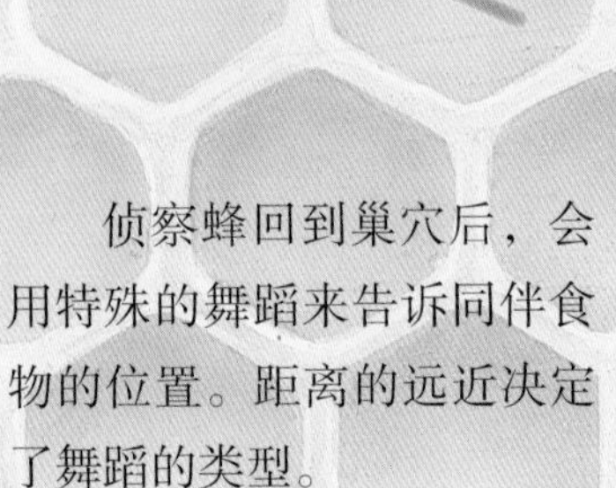

①

②

侦察蜂回到巢穴后，会用特殊的舞蹈来告诉同伴食物的位置。距离的远近决定了舞蹈的类型。

环绕舞（见图①）表明食物在距离巢穴80米以内的地方。侦察蜂在空中顺时针绕圈飞行，然后再逆时针。如果食物很丰富，它的飞行速度会更快。

腰臀舞或“8”字舞（见图②）表明食物在离蜂巢80米以外的地方。“8”字中间的直线部分也指示了食物与太阳方向的夹角。

嘴对嘴喂食

蜜蜂之间经常嘴对嘴喂食蜂蜜，这种行为又称为“交哺”。工蜂喂食蜂后也是采取这样的方式。

蜜蜂通过舌头吸食蜂蜜。

蜂后的特殊食物

蜂后终其一生都是以蜂王浆为食。这是一种白色的胶状物，甜度很高，微酸，由工蜂通过头部的腺体分泌。蜂后有时也会吸食蜂蜜。幼虫出生后的头3天也是以蜂王浆为食，之后工蜂幼虫便会开始吃蜂蜜与花粉。

食物

成年蜜蜂主要以花粉、蜂蜜为食。工蜂从花上采集而来的花粉富含蛋白质，主要是刚发育成熟的年轻工蜂的食物。蜂蜜富含高热量的糖分，能为工蜂与雄蜂提供能量。蜂蜜被储存在蜂房中，蜜蜂利用自己的舌头汲取。在蜂群中，水也很重要。外勤蜂负责将水带回蜂巢里。

繁衍

蜂后是蜂群中唯一产卵的雌性，所以它自然是一个蜂群中所有蜜蜂的母亲。工蜂会为它任劳任怨地付出一切。工蜂竭尽全力保护蜂后、喂养蜂后，如果没有蜂后，蜂群便无法延续下去。蜂后的存在阻止了其他雌性蜜蜂的性发育，因此其他雌蜂无法与雄蜂交配，也无法产下后代。蜂后可以活3～5年，一生的职责就是产卵。

交配

蜂后破蛹而出几天后，便会率领一群雄蜂飞离蜂群。雄蜂中速度最快的可以接近蜂后。交配在离地面约10米的空中进行，并在飞行中完成，雄蜂利用3对足固定在蜂后上方，在5秒之内完成授精。

产卵

交配后，蜂后会回到蜂巢，再也不离开。几天后，它会在蜂房里以每天1500～1600颗的速度产下受精卵，大约每55秒产下1颗。春天会更多一些。冬天时则会停止产卵。

从受精卵到幼虫

蜂后产下卵后，便由工蜂负责接下来的工作。蜂后完全不承担任何照顾、抚育后代的责任。3天后，受精卵会被孵化，蜜蜂幼虫（见图①）便会破壳而出。前3天里，它以蜂王浆为食，接下来3天则是吃花粉、蜂王浆、蜂蜜与水的混合物。

在产卵前，蜂后会借助足部来评估蜂房的大小。如果很小，便会诞下1颗受精卵，21天后孵化出工蜂。如果蜂房很大，便会诞下1颗非受精卵，24天后会孵化出雄蜂。

1

交配之后

求偶飞行结束后，蜂后会与其他雄蜂交配，直到储精囊填满为止。就这样，蜂后收获了足够终身产卵所需的精子，以后便无须再交配了。

雄蜂，不事生产的王

雄蜂一出生便由工蜂喂养，而后便以蜂蜜为食。它们只在刚成年辨认蜂巢方位时才会离开家飞行。人们常说雄蜂过着国王般的生活，因为它们无须承担蜂群中的劳动任务。它们唯一的用处是与蜂后交配。它们的寿命为50～60天。夏末时，当资源开始减少，雄蜂就会被工蜂赶出蜂巢或杀死。它们既无法自己寻找食物，也无法自我防御，等待它们的只有死亡。

从幼虫到成年

工蜂会用蜂蜡为每间蜂房封盖。（见图②）蜜蜂幼虫在蜂房里继续成长。10天后，长得足够大的幼虫会如同蝴蝶幼虫一样编织一个茧将自己包起来，在茧里它会化蛹。（见图③）在这一阶段，蜜蜂的身体与各个器官将逐渐成形。工蜂需要10天，雄蜂则需要12天。最后，等到成年的那刻，蜜蜂会利用口器破坏封盖，离开蜂蜡筑成的“摇篮”。（见图④、图⑤）

工蜂

工蜂的一生短暂而充实。它们的寿命约为30天。在此期间，它们必须承担抚养后代的责任，以及蜂巢的建筑、通风、升温，蜂群的防御，食物的储存等许多工作。

工蜂以蜂后为中心，在生命的不同阶段承担不同的任务。从清洁蜂、保育蜂、建筑蜂、卸货蜂、通风蜂、守卫蜂到外勤蜂，它们把蜂群里的工作安排得井井有条。

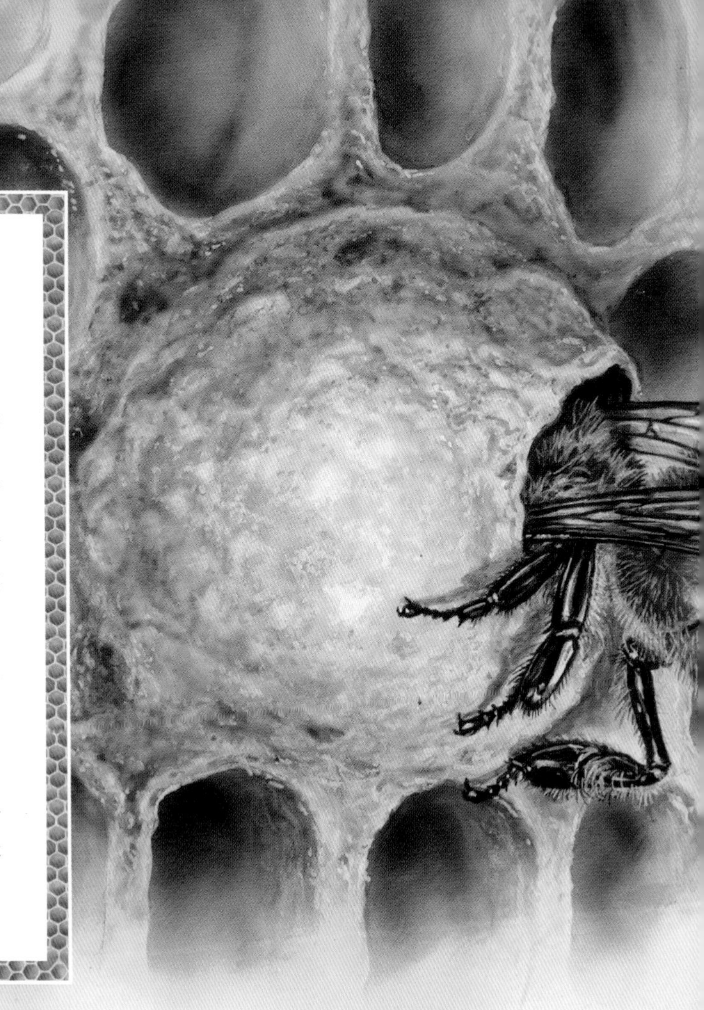

一只保育蜂正在喂养蜂房里的幼虫。

清洁蜂，打扫卫生的高手

工蜂成年几小时后，便会开始第一份工作：清洁蜂房。实际上，蜂房必须足够干净，才能存放卵子或食物。另外，蜂后在产卵前总会检查蜂房是否干净。清洁蜂利用口器带出所有脏污：蜂蜡碎片、蜜蜂残骸、花粉种子、蛹的碎屑。接下来，它们会舔舐蜂房的壁与底部，让它们更光滑。打扫一间蜂房需要约40分钟，一共由15～30只工蜂交替完成——真正的团队协作。

喂养幼虫

工蜂出生后的头几天会吃大量花粉。这种食物能促进它们头部腺体的发育，产生一种类似乳汁的分泌物，即蜂王浆，工蜂用交哺的方式将蜂王浆喂给蜂房里的幼虫。

清洁蜂还要负责将同伴尸体运送到蜂巢以外。它们用口器来固定住尸体，迅速地将它搬到蜂巢外。这样能保证蜂巢内部的干净清洁。

高度看管下的幼虫

保育蜂十分关注幼虫，经常巡视、检查它们的情况，每天最多可达1000次。在20秒左右的检查里，保育蜂就可以通过幼虫散发的气味评估它们的发育情况。

保育蜂一天要喂好几次幼虫。每次保育蜂会将食物放到蜂房底部靠近幼虫嘴巴的地方。食物的分量视幼虫的发育状况而定。

建筑天才

在做过保育蜂与清洁蜂后，工蜂会变成建筑蜂。当蜂巢需要继续扩大时，它们要承担起建筑蜂房的工作。为了完成任务，它们的腹部会分泌出蜡板。

杂技高手

工作时，建筑蜂利用前足的爪子将自己固定在另一只的身上，如此形成一串。在体重的作用下完成一列蜂房的建造。它们一个个移动到建筑区域，第一只用后足与颚部固定住腹部分泌出的蜡板，用口水浸湿，揉搓之后放到建筑上。此时，另一只建筑蜂会接替它重复相同的步骤，接下来继续。其他蜂会用蜂蜡将巢穴堵住。

正在搬运蜂胶的工蜂。

夏天的通风

夏天天气炎热时，通风蜂（20日龄左右）要肩负起蜂巢里的通风工作。它们来到蜂巢外，将自己固定好后，腹部朝上，共同扇动翅膀，形成气流。

卸货蜂，蜂蜜的生产者

工蜂15日龄左右成为卸货蜂。它们的职责在于从外勤蜂身上“卸下”采集来的花蜜。这项工作要口对口完成，卸货蜂利用舌头将花蜜从外勤蜂口中吸出。反复几次。（见图①）

为了保暖，工蜂们牢牢地挤在一起。

然后卸货蜂来到用于存放蜂蜜的蜂房前（位于抚育蜂房的外沿），将花蜜吐在其中。（见图②）接下来它们将花蜜吞下去，然后再吐出，重复好几次，直到花蜜湿度降到18%以下为止。

为了让蜂蜜更浓稠，工蜂们还会坚持好几天的通风工作。（见图③）

冬天的取暖

相反，当天气变冷时，工蜂会聚集在卵、幼虫与蛹旁边，停留在用于产卵的蜂房上，震动胸腔肌肉，制造热量。这一处的温度必须随时处于34～36℃。

当蜂蜜已经存满后，如果是过冬储备之用，那么工蜂会用蜂蜡将蜂房堵上。（见图④）

几只蜜蜂正在攻击一只偷吃花粉与花蜜的甲虫。

勇敢的战士

当蜂巢附近出现敌人时，守卫蜂会向其他工蜂发出警讯，后者则会进入战士的角色。它们利用蜂刺来攻击入侵者。蜂刺是一根布满小齿的针，作用如同鱼叉，与体内的毒囊相连。不过，在攻击的那一刻，就注定了战士死亡的命运。实际上，毒刺一旦刺入，就无法拔出，并且会撕裂蜜蜂的腹部。为了保护自己的家园，这些工蜂献出了它们的生命！

采集花蜜

花蜜是花朵里产生的一种甜味液体。蜜蜂将它作为原料来制造蜂蜜。为了采集花蜜，外勤蜂要飞入花中，用舌头汲取花蜜，然后储存到蜜囊中。外勤蜂还会采集树蜜——一种蚜虫采食树叶里的汁液后吐出的甜味液体。这也是蜂蜜的原材料之一。

外勤蜂

3周龄左右，工蜂便成为了外勤蜂。这是它们一生中的最后一个职业。飞翔的时刻终于来临！它们要为了蜂群寻找花蜜与花粉。如果没有食物，蜂群便无以为继。外勤蜂的工作十分重要，同时也很辛苦。如果天气晴朗，那么在连续采蜜4～5天后，筋疲力尽的外勤蜂会因翅膀破损而死亡。如果不天天出去采蜜，它们的寿命会更长一点。

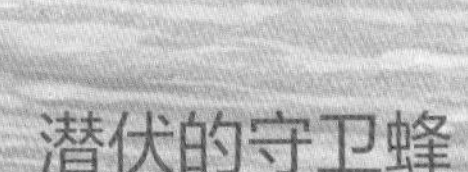

潜伏的守卫蜂

到了生命的一定阶段，工蜂会被赋予守卫蜂巢安全的职责，此时它们就成为了守卫蜂。它们驻守在入口处，观察周遭，确认每个进入者的身份。它们还要时刻警惕敌人的到来。

步履不停

一只外勤蜂每天要以25～30千米/时的速度飞行10～100次。当天气良好、蜜源充足时，一个蜂群一天可以采集5000克花蜜！一个蜜囊里可储存0.07克花蜜，与蜜蜂0.1克的自重几乎差不多了。1000～1500朵花的花蜜才能将蜜囊填满。

采集花粉

蜜蜂飞到一朵花上时，会用前足将花药撕碎，将身体沾满花粉。借助爪子上的细毛将花粉“加工”成花粉团，再存放到位于第三对足之间的小凹槽，即花粉篮中，然后返回蜂巢。

蜜蜂撕碎花药，采集花粉。

运送花粉团的蜜蜂。

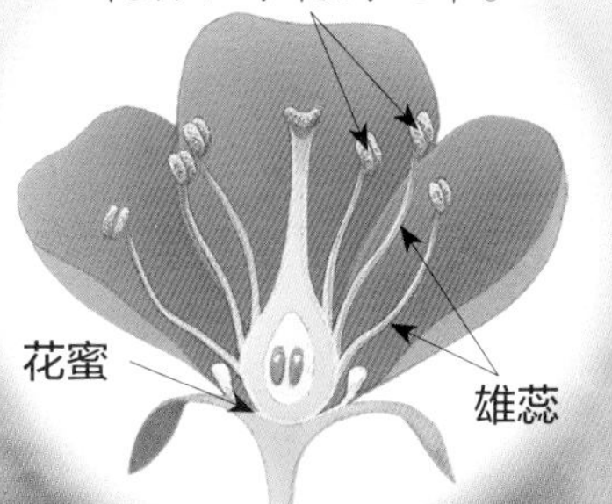

花粉位于花药之中。

休息时间

花朵在夜晚会收起花瓣，所以外勤蜂夜晚不工作，留在蜂巢中。人们知道蜜蜂有时会一动不动，进入休息的状态，但尚不知道它们是否会真正的睡觉。实际上，蜜蜂的眼睛无法闭合，也不能躺下。夜晚的蜂巢里依然活跃，蜂后继续产卵。大家的休息时间并不一致。

守在蜂箱入口处的守卫蜂。

分蜂

当蜂群里的蜜蜂数量过多、蜂巢空间不够、产卵太多或蜂后开始衰老时，就代表分蜂的时刻到了。蜂后会率领一批工蜂另开蜂巢，在别处重建新家。这种现象通常发生在每年4月中旬与7月中旬，准备时间需要好几周。在分开前，必须要提前培育蜂后，保证留下的蜂群里依然有一只蜂后存在。

培育新蜂后

当一个蜂群数量过大时，蜂后释放的信息素便无法触及所有工蜂。对后者来说，这传达了必须培育新蜂后的信号。工蜂会在蜂巢内远离保育区的地方建造10～30个新蜂房，空间比培育雄蜂、工蜂的蜂房更大。蜂后会来此产下受精卵。不过与其他卵不同，这里孵化出的幼虫将以蜂王浆为食。

两只蜂后正在打架，只有一只能活下来。

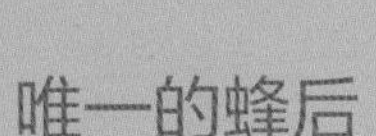

唯一的蜂后

当“蜂后幼儿园”里的第一只个体破蛹而出、离开蜂房后，它的任务便是保证自己一定会成为未来的蜂后，因此它会用蜂刺（与工蜂不同，它的毒刺可以重复使用）刺入蜂房里的蜂蛹中，结束竞争者的生命。如果同一时间有几只蜂后诞生，那么就会上演一场生死之战，最后的胜利者才能成为蜂群的下任首领。

蜂后的蜂房

蜂后的蜂房与其他蜜蜂的蜂房都不一样，像是一颗悬挂的大花生。15天后，蜂后诞生。它出现时会发出一种奇妙的声音。

分蜂的准备

在下任蜂后幼虫成长的同时，原来的蜂后也在为自己的离开做着准备。它会减少产卵的数量，工蜂带给它的食物也会变少。它的体重变轻，更利于飞行。至于工蜂方面，它们会努力吃下30毫克蜂蜜，保证有足够的体力寻找与建造新的蜂巢。

蜂后死亡

如果蜂后意外死亡而蜂群对此毫无准备时，工蜂会开始产卵。由于它们并没有与雄蜂交配，所以产下的非受精卵只能孕育出雄蜂。因此，蜂群的数量会开始减少，最终消失殆尽。没有蜂后，便注定了这个蜂群灭绝的命运。

重要的时刻

春夏的某一天午后，蜂后带着成千上万只工蜂离开了蜂巢。（见图①）几只雄蜂也跟随着它们。它们首先会飞到几米外的树枝上停留。蜂群的重量在1～3千克，可以压弯树枝。（见图②）这种聚集的蜂群通常毫无攻击性，因为它们唯一的任务就是保护好蜂后。蜂群可以在此停留几天时间。与此同时，侦察蜂会飞去寻找建筑新蜂巢的地点。找到后，它们飞回蜂群，用舞蹈传达信息，邀请其他侦察蜂共同前往。当蜂群集体同意后，它们会一起飞向新的地点，迅速投入到新家园的建设中去。（见图③）

养蜂

人类为了获取蜂蜜，跋山涉水寻找蜂巢。后来，人们想到可以在家园附近建造蜜蜂的庇护所——蜂箱，来养殖蜜蜂，收获蜂蜜。这些人也就成为了最早的蜂农。如今，世界各地都有养蜂这一行业。

现代蜂箱包括木箱、木板与门。门的作用是供蜜蜂进出。

蜂箱本体中有10块可移动的木框，盖着一片压出蜂房形状的蜡纸，蜜蜂会在这片蜡纸上完成蜂房的建造。这些木框的作用是保证蜜蜂的繁殖及蜂蜜、花粉的存放。

不同的蜂箱

几千年来，人类用不同的材料制作出了形状各异的蜂箱。养蜂专家达旦、朗斯特罗什发明了可以随意移动的活框蜂箱，大大方便了蜂农的工作。

在底板之上，蜂农可以增加一至数个继箱。这些可拆卸的小盒子可以为蜜蜂提供额外的空间储存蜂蜜。这些盒子也叫作“蜜仓”，因为里面的木框上满满都是蜂蜜。底板上方的蜂后网可以阻止体形庞大的蜂后爬上去产卵。蜂箱上还有箱盖与副盖，阻止外来者的入侵。

蜂农的工作

蜂农要密切关注蜂箱里的情况：蜂后是否健康，产卵是否足够，蜂群是否感染疾病。他还要保证蜂群在冬天也有充足的食物，因为这样才能在春天有足够多的外勤蜂。另外，他还要负责蜂蜜的收集与销售。职业蜂农通常有几百个蜂箱——这就是“养蜂场”。

蜂农穿的连身衣可以隔绝蜜蜂。保护帽上也有特殊的纱网，保证了头部的安全。

蜂农在巡视蜂箱、收集蜂蜜时必须要带上一台喷烟器。里面燃烧着松针或干草，透过漏斗形的盖子冒出白烟。这样一来，蜜蜂就忙于追逐白烟，没工夫攻击蜂农了。

蜂箱里的蜂蜜存满后，蜂农会把它们带到采蜜场。每个蜜框里储存的蜂蜜约为1.5千克。先利用小刀将薄薄的蜡层刮下，或是将蜜框放入一种特殊的机器中。

当蜡层处理干净后，再把蜜框放入摇蜜机中。

蜂蜜

根据原材料（花蜜、树蜜）的不同，蜂蜜也可以分为好几种。许多甜品中都会加入蜂蜜，例如焦糖、水果酱、冰淇淋、面包、蛋糕等。一些咸味的菜肴与酱汁中也会加入蜂蜜。有些饮料与酒中也含有蜂蜜。

花粉

花粉的种类与鲜花一样多样。蜂农在蜂箱入口处放上一个特殊的网，收集蜜蜂足部的花粉团，再将花粉销售出去。

蜂蜜　蜂蜜酒　面包　牛轧糖

蜂农转动把手，让蜂蜜从蜜框中脱离。

蜂蜜再经由龙头流出，滤掉杂质后集中放入桶中。静置几天后，就可以装瓶销售了。

花朵的种类会影响蜂蜜的色彩、质地与味道。蜂蜜是蜜蜂的劳动产物，是纯天然的，不含任何添加剂。

蜂蜡

可以用来制造蜡烛，为家具打蜡，或者用于制备治疗皮肤问题的药膏。有些美容产品里也有蜂蜡的成分，如脱毛膏。

蜂王浆

人们认为蜂王浆有神奇的功效，可能因为它是蜂后的专属食品，而蜂后的寿命比普通蜜蜂长得多。许多人认为蜂王浆可以延年益寿，增强免疫力。

医疗用途

蜂箱里的许多产物也被应用在医疗领域，甚至蜜蜂的毒液都可以用来治疗风湿病！蜂胶的抗菌效果也让它大受欢迎，很多人用蜂胶来治疗喉咙的疼痛。

花粉

蜡烛

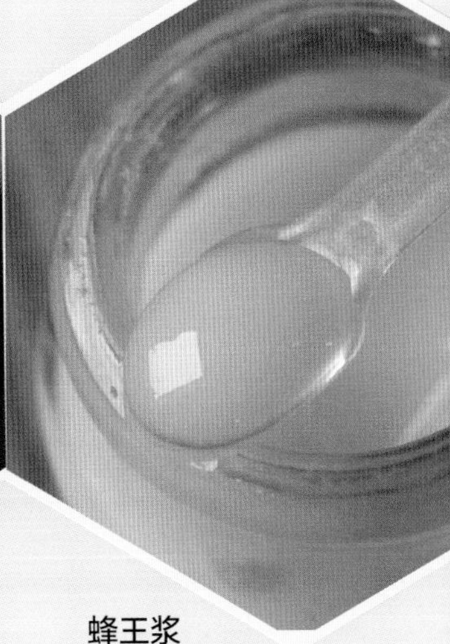

蜂王浆

危急的现况

蜜蜂保证了许多植物的繁殖。实际上，80%的开花植物都是靠昆虫来完成授粉的，其中主要又是蜜蜂。没有它们，人类的餐桌上就会缺少许多蔬菜和水果。然而，蜜蜂面临的威胁也很多。

授粉

花蜜对花来说没有直接的作用，但它可以吸引蜜蜂，从而协助完成植物的繁殖。蜜蜂在采蜜时也会带走花粉。（见图a）

蜜蜂的天敌

在大自然里，蜜蜂有许多鸟类天敌，如蜂虎（见图1）、燕子（见图2）、山雀、啄木鸟等。另外，壁蜥与绿蜥蜴（见图3）遇到蜜蜂时也会大快朵颐。在昆虫家族中，黄蜂与虎头蜂（见图4）也常常以蜜蜂为食。

人类是蜜蜂的朋友吗

为了提高产量、减少虫害，人类会向植物喷洒许多化学制剂，而蜜蜂也成为了这些农药的受害者。

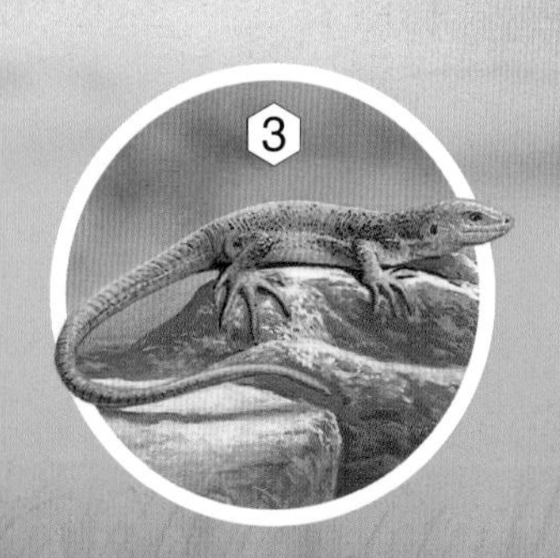

瓦螨（见图5）是一种蜱螨亚纲下的昆虫，肉眼可见，寄生在蜂巢或蜂房中。它们会叮咬成年蜜蜂、幼虫与蜂蛹，吸食血淋巴，夺走蜜蜂的生命。

花粉是种子植物繁殖的关键。蜜蜂在花朵间飞来飞去时，不经意间将花粉粒带到其他花的雌蕊上。（见图ⓑ、ⓒ）

花粉萌芽，来到雌蕊底部的胚珠处。（见图ⓓ）受精完成后，蔬菜或水果就会逐渐长出来了。（见图ⓔ）

蜜蜂身上掉下的花粉粒落在雌蕊上，最后到达胚珠。

蜂蜜爱好者

熊类是蜂蜜爱好者，会破坏树上的蜂巢来寻找蜂蜜。老鼠会钻进人类放置的蜂箱，咬破里面的隔板，吃掉蜂蜡、花粉与蜂蜜。蛇、貂、獾也是蜜蜂的天敌。

S.O.S.

失踪的蜜蜂！

近几年来，许多蜂农发现自己养殖的蜜蜂突然集体消失，再也没有回来。大家猜想这与农药污染及某些病虫害有关。转基因植物也是可能的原因之一。另外，手机通信发出的电磁波也许会干扰蜜蜂的方向感。无论原因究竟为何，这种现象都十分令人忧虑。若无法解决，那么植物的授粉与繁殖也将同样面临威胁。

LES ABEILLES
ISBN：978-2-215-09730-3
Text: Sabine BOCCADOR
Illustrations: Marie-Christine LEMAYEUR, Bernard ALUNNI

吉林省版权局著作合同登记号：
图字　07-2016-4669

图书在版编目（CIP）数据

蜜蜂 / (法) 萨比娜•博卡多尔著 ; 杨晓梅译. -- 长春 : 吉林科学技术出版社, 2021.1
(神奇动物在哪里)
书名原文: bee
ISBN 978-7-5578-7821-4

Ⅰ. ①蜜… Ⅱ. ①萨… ②杨… Ⅲ. ①蜜蜂—儿童读物 Ⅳ. ①Q969.557.7-49

中国版本图书馆CIP数据核字(2020)第207652号

神奇动物在哪里・蜜蜂

SHENQI DONGWU ZAI NALI・MIFENG

著　　者　[法]萨比娜・博卡多尔
译　　者　杨晓梅
出 版 人　宛　霞
责任编辑　潘竞翔　郭　廓
封面设计　长春美印图文设计有限公司
制　　版　长春美印图文设计有限公司
幅面尺寸　210 mm×280 mm
开　　本　16
印　　张　1.5
页　　数　24
字　　数　47千
印　　数　1-6 000册
版　　次　2021年1月第1版
印　　次　2021年1月第1次印刷

出　　版　吉林科学技术出版社
发　　行　吉林科学技术出版社
地　　址　长春市福祉大路5788号
邮　　编　130118
发行部电话/传真　0431-81629529　81629530　81629531
　　　　　　　　81629532　81629533　81629534
储运部电话　0431-86059116
编辑部电话　0431-81629520
印　　刷　辽宁新华印务有限公司

书　　号　ISBN 978-7-5578-7821-4
定　　价　22.00元